En mi comunidad

UN LIBRO DE EL SEMILLERO DE CRABTREE

De Taylor Farley
y
Pablo de la Vega

En el estanque...

... uso **botas**.

Uso una **red**.

Atrapo un pescado.

Encuentro una rana.

Veo una tortuga.

Alimento a los patos.

Organizo un **picnic** con mis amigos.

Todos ayudamos para mantenerlo limpio.

Me divierto
en el estanque.

Glosario

atrapo: Cuando atrapas algo, capturas una cosa que está en movimiento y la detienes.

botas: Las botas son un tipo de zapatos. Cubren los pies y parte de las piernas. Normalmente, evitan que entre el agua a los pies y así los mantienen cálidos y secos.

picnic: Un picnic es una comida hecha al are libre.

red: Una red está hecha de pedazos de materiales tejidos entre sí. Se usa para atrapar animales e insectos.

Índice analítico

Apoyos de la escuela a los hogares para cuidadores y maestros

Los libros de El Semillero de Crabtree ayudan a los niños a crecer al permitirles practicar la lectura. Las siguientes son algunas preguntas de guía que ayudan a los lectores a construir sus habilidades de comprensión. Algunas posibles respuestas están incluidas.

Antes de leer

- ¿De qué piensas que tratará este libro? Pienso que este libro es sobre un estanque. Quizá nos dirá qué hacen los niños cuando visitan un estanque.
- ¿Qué quiero aprender sobre este tema? Quiero aprender qué animales viven en los estanques. Pienso que este libro es sobre un estanque. Quizá nos dirá qué hacen los niños cuando visitan un estanque.

Durante la lectura

- Me pregunto por qué... Me pregunto por qué el niño usa botas en el estanque.
- ¿Qué he aprendido hasta ahora? Aprendí que en un estanque viven peces, ranas, tortugas y patos.

Después de leer

- ¿Qué detalles aprendí de este tema? Aprendí que la gente trabaja junta para mantener limpios los estanques. Recogen la basura.
- Lee el libro de nuevo y busca las palabras del vocabulario. Veo la palabra ***atrapo*** en la página 8 y la palabra ***picnic*** en la página 16. Las demás palabras del vocabulario están en las páginas 22 y 23.

Library and Archives Canada Cataloging-in-Publication Data

Title: En el estanque / de Taylor Farley y Pablo de la Vega.
Other titles: At the pond. Spanish
Names: Farley, Taylor, author. | Vega, Pablo de la, translator.
Description: Series statement: En mi comunidad | Translation of: At the pond. | Translated by Pablo de la Vega. | "Un libro de el semillero de Crabtree". | Includes index. | Text in Spanish.
Identifiers: Canadiana (print) 20210100761 | Canadiana (ebook) 2021010077X | ISBN 9781427131300 (hardcover) | ISBN 9781427131409 (softcover) | ISBN 9781427131508 (HTML) | ISBN 9781427135162 (read-along ebook)
Subjects: LCSH: Ponds—Juvenile literature.
Classification: LCC QH541.5.P63 F3718 2021 | DDC j577.63/6—dc23

Library of Congress Cataloging-in-Publication Data

Available at the Library of Congress

Crabtree Publishing Company
www.crabtreebooks.com 1-800-387-7650
Print book version produced jointly with Crabtree Publishing Company NY, USA

Written by Taylor Farley
Production coordinator and Prepress technician: Ken Wright
Print coordinator: Katherine Berti
Translation to Spanish: Pablo de la Vega
Edition in Spanish: Base Tres

Printed in the U.S.A./022021/CG20201215

Photo Credits: cover and page 5 © Shutterstock.com /Cultura Motion; cover illustration of frog © Shutterstock.com/ languste; page 3 © Shutterstock.com /tbmnk; page 7 © Shutterstock.com /Phovoir; page 9 © Shutterstock.com /Sergey Gerashchenko; page 15 istock.com/ MNStudio; page 11 © Shutterstock.com /Svetlana Foote; page 13 © Shutterstock.com /spetenfia; page 17 © Shutterstock.com /Tomsickova Tatyana; page 17 © Shutterstock.com /Matt Jeppson; page 19 ©istock.com/ monkeybusinessimages; page 21 ©istock.com/ Stock Photos | Lifestyles; page 23 ©shutterstock.com/ FamVeld.

Published in Canada
Crabtree Publishing
616 Welland Ave.
St. Catharines, ON
L2M 5V6

Published in the United States
Crabtree Publishing
347 Fifth Ave
Suite 1402-145
New York, NY 10016

Published in the United Kingdom
Crabtree Publishing
Maritime House
Basin Road North, Hove
BN41 1WR

Published in Australia
Crabtree Publishing
Unit 3 – 5
Currumbin Court
Capalaba QLD 4157